PRINCIPES

D'HYDRAULIQUE RATIONNELLE

APPLICABLES AUX COURANTS NATURELS

TELS QUE LES RIVIÈRES ET LES FLEUVES.

PAR

M. COURTOIS,

INGÉNIEUR EN CHEF DIRECTEUR DES PONTS ET CHAUSSÉES
EN RETRAITE.

PARIS.

MALLET-BACHELIER, IMPRIMEUR–LIBRAIRE

DU BUREAU DES LONGITUDES, DE L'ÉCOLE IMPÉRIALE POLYTECHNIQUE,

Quai des Augustins, 55.

1859

Paris. — Imprimé par E. Thunot et Cie, rue Racine, 26.

PRINCIPES

D'HYDRAULIQUE RATIONNELLE

APPLICABLES AUX COURANTS NATURELS

TELS QUE LES RIVIÈRES ET LES FLEUVES.

PAR

M. COURTOIS,

INGÉNIEUR EN CHEF DIRECTEUR DES PONTS ET CHAUSSÉES
EN RETRAITE.

PARIS.

MALLET-BACHELIER, IMPRIMEUR-LIBRAIRE

DU BUREAU DES LONGITUDES, DE L'ÉCOLE IMPÉRIALE POLYTECHNIQUE,

Quai des Augustins, 55.

1859

AVANT-PROPOS.

Dans ma longue carrière d'ingénieur, ayant eu souvent à m'occuper de différentes questions relatives au mouvement des eaux, j'ai fréquemment reconnu combien les procédés en usage pour résoudre ce genre de questions étaient compliqués et conduisaient à des résultats peu satisfaisants. Étant parvenu, par mes recherches, à des formules qui conduisent à des résultats toujours d'accord avec ceux obtenus par des observations faites avec soin, notamment avec ceux qui ont été réunis et publiés par le savant ingénieur de Prony, je me suis promis, lorsque j'en aurais le loisir, de coordonner les différents objets de mes recherches et de les publier afin d'éviter aux ingénieurs des calculs inutiles et surtout une grande perte de temps.

Jai rempli, en grande partie, cet engagement en publiant en 1850 le second volume du *Traité des moteurs*, dans lequel je me suis spécialement occupé d'hydraulique. J'ai donné dans ce volume des formules d'une grande simplicité pour résoudre les différentes questions que fait naître le mouvement de l'eau dans les canaux, les rivières et les fleuves.

A l'aide des formules dont je viens de parler, on peut apprécier les modifications que l'établissement d'un ouvrage quelconque, tel que barrage, digue, rétrécissement ou approfondissement du lit, pont, pertuis, etc., peut exercer sur la surface d'un courant, et par conséquent sur son régime.

On peut aussi déterminer le produit ou débit d'un courant dans tout état des eaux, sans avoir besoin de recourir aux observations incertaines et souvent dangereuses du moulinet de Wottemann.

Depuis la publication de ce volume, j'ai continué à m'occuper d'hydraulique, et profitant d'un mémoire de Navier et d'un autre mémoire de M. Sonnet, qui sont insérés dans le *Recueil de l'académie des sciences*, je suis parvenu à resserrer le champ de l'empirisme en trouvant analytiquement la valeur du seul coefficient numérique que j'avais primitivement déduit des quatre-vingt-dix-neuf expériences dont les résultats sont consignés dans le recueil des cinq tables publié par de Prony.

Le nouveau travail que je présente aujourd'hui forme le complément nécessaire du volume que j'ai publié en 1850; outre les nouvelles formules qu'il fait connaître et qui servent à confirmer l'exactitude des anciennes, il contient l'exposé d'une nouvelle théorie de la contraction de la veine fluide qui donne les moyens d'apprécier, en toute circonstance, les effets de ce phénomène.

Par le travail dont il s'agit, je crois avoir dégagé de tout empirisme la partie de l'hydraulique qui s'occupe spécialement du mouvement de l'eau dans les canaux, les rivières et les fleuves, celle qui est la plus importante pour prévenir les désastres que causent les eaux de ces courants lorsque leur lit est mal réglé, ou lorsque leur cours est contrarié par des obstacles naturels ou par des ouvrages qui ont été établis sans que l'on ait pu se rendre compte de tous les effets qu'ils pouvaient produire sur les différents états des eaux de ces courants.

Ce que je viens de dire justifie pleinement le titre de *Principes d'hydraulique rationnelle* que je donne à ce nouveau travail.

Il me reste à faire des vœux pour que ce travail, que je crois éminemment utile, soit convenablement apprécié, afin que je puisse être mis à même d'en répandre l'enseignement et d'en vulgariser les applications.

Paris, ce 15 avril 1859.

PRINCIPES

D'HYDRAULIQUE RATIONNELLE

I. — DES RÉSISTANCES QUI S'OPPOSENT A L'ACCÉLÉRATION DU MOUVEMENT DE L'EAU.

(1) *Nombre et nature des résistances.* — L'eau qui coule dans un lit quelconque, étant soumise à l'action de la pesanteur, devrait descendre d'un mouvement accéléré ; cependant l'observation des courants naturels faisant reconnaître que leur vitesse n'est jamais en rapport avec la hauteur dont l'eau est descendue, prouve que des résistances se développent dans le mouvement, croissent avec la vitesse, et s'opposent à l'accélération que la gravité tend à produire.

Les résistances qui, dans le mouvement des liquides, contrarient l'action de la pesenteur paraissent être au nombre de quatre, qui sont :

1° L'action de l'air sur la surface des courants ;

2° L'adhérence du liquide contre les parois le long desquelles le liquide coule ;

3° Le glissement ou frottement du liquide sur l'enduit aqueux adhérent aux parois ;

4° Enfin la cohésion du liquide qui transmet, en partie

aux couches supérieures, la résistance due au frottement qu'éprouve la couche inférieure.

Mais ces résistances peuvent facilement se réduire à deux, car l'action de l'air sur l'eau est toujours nulle dans un temps calme, et ce temps pouvant être choisi pour celui des opérations, il en résulte que l'on peut se dispenser d'avoir égard à l'action accidentelle que l'air exerce sur la surface des courants. On peut également négliger l'effet dû à l'adhérence, car cet effet se réduit à retenir contre les parois une couche de liquide excessivement mince qui forme l'enduit aqueux sur lequel s'opère le mouvement. L'effet de l'adhérence, après avoir formé l'enduit aqueux, tend uniquement à diminuer l'aire de la section du courant d'une quantité inappréciable et tout à fait négligeable dans des cas ordinaires de pratique.

(2) *Effets dus au frottement et à la cohésion.* — Parmi les résistances qui tendent à s'opposer à l'accélération du mouvement de l'eau, deux seules sont donc à considérer : l'une est celle dû au frottement du liquide sur l'enduit aqueux adhérant aux parois, l'autre est la cohésion des molécules liquides. Il nous paraît facile de se rendre compte de l'action de ces deux forces : en effet, nous avons vu que l'adhésion des parois pour le liquide retenait la couche adhérente qui forme l'enduit aqueux sur lequel s'opère le mouvement de la couche inférieure ; la vitesse de cette couche est ralentie par la cohésion de ses molécules pour celles de la couche adhérente; puis la cohésion, continuant d'agir, transmet de proche en proche, jusqu'aux couches supérieures ou à toute la masse, la résistance qu'exerce la couche adhérente sur les couches inférieures du liquide en mouvement : l'homogénéité de l'eau rend cette transmission graduelle et, sur une même verticale, la perte de vitesse diminue depuis le fond jusqu'à la surface.

II. — EXPRESSION ANALYTIQUE DES RÉSISTANCES QUI S'OPPOSENT A L'ACCÉLÉRATION DU MOUVEMENT DE L'EAU.

(3) *Expression analytique des effets de la cohésion.* — Nous allons chercher à exprimer analytiquement les effets des deux résistances qui agissent sur l'eau des courants, en commençant par les effets de la cohésion.

Considérons un courant à mouvement uniforme dont le lit soit une surface cylindrique d'une largeur égale à douze ou quinze fois la plus grande profondeur, et telle que le périmètre de la section, soumis à la loi de continuité, se termine par deux éléments sensiblement verticaux et ait à peu près la forme représentée par la *fig.* I, que l'on rencontre fréquemment dans les courants naturels lorsque leur lit est encaissé et présente peu d'irrégularité.

Supposons que l'on ait décomposé la section A B D en un grand nombre de zones par des courbes semblables abd, dont chacune corresponde à des points animés d'une égale vitesse.

Désignons par ω l'aire d'une section quelconque abd, par ψ son contour, par r le rapport $\frac{\omega}{\psi}$ que l'on appelle le rayon moyen ; l'aire ω sera égale à ψr.

Désignons encore par Ω l'aire de la section A B D, par Ψ son contour, par R le rayon moyen égal à $\frac{\Omega}{\Psi}$.

Si nous considérons la couche qui correspond à la courbe abd, dont l'épaisseur infiniment mince soit dr, l'aire de la section de cette couche sera égale à ψdr.

La couche dont il s'agit est soumise à l'action de la pesanteur, qui tend à l'entraîner, et à celle de la cohésion qui tend à la retenir : exprimons analytiquement l'effet de ces deux forces.

πr est le poids moyen du liquide qui presse sur l'unité de surface de la couche abd et πrI est la composante de ce poids qui agit suivant la pente I du courant, comme ψdr est l'aire de la section de la couche qui correspond à abd. L'action de la gravité sur cette couche aura donc pour expression $\pi r\,I \times \psi dr = \pi I \psi r dr$.

Pour trouver l'expression de l'action retardatrice due à la cohésion, désignons par v la vitesse qui correspond à la surface supérieure de la couche; comme cette vitesse diminue avec la profondeur, $v - dv$ sera celle qui correspond à la surface inférieure de la même couche; enfin si ε représente l'intensité de la cohésion par unité de surface, dans la circonstance qui nous occupe ou toute autre analogue où la cohésion ne varie pas avec la vitesse, nous trouverons que la surface inférieure de la couche est retenue par une force égale à $\psi \varepsilon (v - dv)$, et que la surface supérieure de la même couche est entraînée par les couches qui sont au-dessus, avec une force $\psi \varepsilon v$ précisément égale à la force retardatrice que cette surface éprouve de la part des couches inférieures. L'action de la cohésion sera donc exprimée par

$$\varepsilon \psi (v - dv) - \varepsilon \psi v = - \varepsilon \psi dv.$$

Le mouvement étant uniforme, il faut qu'il y ait, dans chaque couche, équilibre entre l'action de la pesanteur et la force retardatrice due à la cohésion, ce qui exige que l'on ait $\pi I \psi r dr = - \varepsilon \psi dv$; l'intégration donne ensuite

$$v = c - \frac{\pi I r^2}{2\varepsilon}.$$

Lorsque $r = 0$, on doit avoir $v = V$, en désignant par V la vitesse à la surface du courant; or l'équation précédente se réduit dans ce cas à $v = c$, il faut donc que $c = V$, ce qui donne $v = V - \dfrac{\pi I r^2}{2\varepsilon}$.

Si l'on désigne par W la vitesse contre les parois, on devra avoir $v = W$, lorsque $r = R$, ce qui donnera $W = V - \dfrac{\pi I R^2}{2\varepsilon}$, d'où $\dfrac{\pi I}{2\varepsilon} = \dfrac{V - W}{R^2}$, et par conséquent $v = V - (V - W)\dfrac{r^2}{R^2}$. C'est l'expression de la vitesse réduite par la cohésion.

La relation $W = V - \dfrac{\pi I R^2}{2\varepsilon}$ donne $\dfrac{\pi I \Psi R^2}{2} = \varepsilon \Psi (V - W)$,
et à cause de $\Omega = \Psi R$, on obtient $\pi \Omega R I = 2\varepsilon \Psi (V - W)$,
expression dont nous ne tarderons pas à faire usage.

N'oublions pas de dire ici que nous devons, en partie, aux mémoires et ouvrages de MM. Sonnet et Dupuit l'esprit de la démonstration qui précède.

(4) *Expression analytique de la résistance due au frotte-ment ou glissement sur l'enduit aqueux adhérent aux parois du lit.* — Pour déterminer la résistance due au frottement ou glissement du liquide en mouvement sur l'enduit aqueux adhérent à la paroi, remarquons que la couche ou surface inférieure du liquide est entraînée, en vertu de la cohésion, par la masse des couches supérieures avec une force $\varepsilon \Psi W$ qui doit être précisément égale à la force retardatrice que cette même surface éprouve de la part du frottement ou glissement sur l'enduit aqueux. $\varepsilon \Psi W$ est donc une pre-mière expression de la résistance dont il s'agit.

Il est facile d'obtenir une autre expression de cette ré-sistance en déterminant l'action de la gravité sur la même surface inférieure du liquide ; en effet, R étant le rayon moyen de la section Ω, πR sera le poids moyen qui presse sur l'unité de surface, et $\pi R I$ la composante de ce poids qui agit suivant la pente, aussi sur l'unité de surface. L'ac-tion moyenne de la gravité sur la section entière Ω du cou-rant sera donc exprimée par $\pi \Omega R I$.

Le mouvement étant uniforme, il faut qu'il y ait équilibre, sur l'enduit aqueux des parois, entre l'action de la pesan-teur et la force retardatrice due au frottement ou au glisse-ment sur l'enduit aqueux des parois ; on doit donc avoir $\pi \Omega R I = \varepsilon \Psi W$.

(5) *Rapport constant entre la vitesse à la surface du courant et la vitesse au fond ou contre les parois.* — Nous avons trouvé précédemment (3) que l'on avait $\pi \Omega R I = 2 \Psi \varepsilon (V - W)$; nous venons de trouver que $\pi \Omega R I = \Psi \varepsilon W$,

on doit nécessairement en conclure que $W = 2 (V - W)$ ou que $2 V = 3 W$, résultat fort simple auquel nous sommes parvenu sans le chercher.

(6) *Expression de la vitesse moyenne dans les courants dont le lit ne présente pas de grandes irrégularités.* — Pour obtenir la vitesse moyenne U, nous continuerons d'admettre que les contours des différentes zones qui composent la section A B D du courant que nous avons désigné par Ω, sont des figures semblables, supposition qu'il est toujours facile de réaliser lorsque la section Ω affecte une forme peu différente de celle représentée par la *fig.* I. Ceci posé et U étant la vitesse moyenne dont on cherche la valeur, v la vitesse d'un point quelconque de la section, et $d\omega$ l'élément correspondant de l'aire de cette section, on aura nécessairement $\Omega U = \int v\, d\omega$; mais les sections Ω et ω étant des figures semblables, on a $\dfrac{\omega}{\Omega} = \dfrac{r^2}{R^2}$, d'où $d\omega = \dfrac{2\Omega}{R^2} r\, dr$, ce qui donne $\Omega U = \dfrac{2\Omega}{R^2} \int v r\, dr$, ou simplement $U = \dfrac{2}{R^2} \int v r\, dr$, remplaçant v par sa valeur, il vient

$$U = \frac{2}{R^2} \left(\int v r\, dr - \frac{V - W}{R^2} \int r^3\, dr \right)$$

et en intégrant $U = V \dfrac{r^2}{R^2} - \dfrac{V - W}{2} \dfrac{r^4}{R^4} + c.$

Cette intégrale devant être prise depuis $r = 0$ jusqu'à $r = R$, il en résulte que la constante c est nulle et que $U = V - \dfrac{V - W}{2} = \dfrac{V + W}{2}$, valeur indépendante de la pente du courant, de la forme de la section et parfaitement d'accord avec les expériences de Dubuat.

La valeur de U comparée à celle de v donne $\dfrac{r^2}{R^2} = \dfrac{1}{2}$, d'où $r = \dfrac{R}{\sqrt{2}} = 0{,}71\,R$, c'est-à-dire que la vitesse moyenne se trouve à une hauteur au-dessus du fond égale aux vingt-neuf centièmes du rayon moyen de la section du courant.

Si l'on combine la valeur de $U = \dfrac{V + W}{2}$ avec la relation de $2\,V = 3\,W$, on obtiendra $V = 1,20\,U = 1,50\,W$, $U = 0,835\,V = 1,25\,W$ et $W = 0,67\,V = 0,80\,U$, rapports fort simples qui conviennent à tous les courants dont les sections, sans être régulières, sont cependant soumises à la loi de continuité, et ne doivent pas présenter de trop grandes irrégularités, enfin telles qu'il est toujours facile d'en rencontrer.

Nous devons faire observer que l'on peut presque toujours décomposer la section du courant en figures semblables; mais les contours de ces figures ne pouvant correspondre à des points animés d'une vitesse égale, alors la valeur v donnée par l'expression $V - \dfrac{V - W}{R^2}\,r^2$, sera la valeur moyenne de toutes les vitesses qui correspondent au contour ψ et au rayon r.

(7) *Relation entre la pente, la vitesse et le rayon moyen dans les courants à mouvement uniforme.* — L'expression de la résistance due au glissement sur l'enduit aqueux des parois conduit à une relation importante entre la pente, la vitesse et le rayon moyen d'un courant, lorsque le mouvement est uniforme; en effet, cette résistance, qui est exprimée par $\pi\,\Omega\,R\,I$, agissant sur l'enduit aqueux des parois avec la vitesse W, absorbe dans chaque unité de temps une quantité d'action égale à $\pi\,\Omega\,R\,I\,W$.

D'un autre côté, la masse M, que le courant débite dans chaque unité de temps, possède à son passage sur l'enduit aqueux une quantité d'action ou une force vive égale à $\dfrac{M\,W^2}{2}$. Le mouvement étant uniforme, il faut qu'à chaque instant la quantité d'action ou la force vive que le liquide possède à son passage sur l'enduit aqueux soit précisément égale à la quantité d'action absorbée par la résistance due au glissement sur ce même enduit, ce qui exige que l'on ait $\pi \Omega R I W = \dfrac{M W^2}{2}$ ou simplement $\pi \Omega R I = \dfrac{M W}{2}$.

La masse M est égale à la densité δ du liquide multiplié par le volume ΩU, qui, dans l'unité de temps, passe par toutes les sections; on a donc $M = \delta \Omega U$, et par suite $\pi \Omega R I = \dfrac{\delta \Omega U W}{2}$, ou simplement $\pi R I = \dfrac{\delta U W}{2}$.

Lorsque le liquide dont il s'agit est de l'eau, comme cela a toujours lieu dans l'hydraulique, sa densité étant prise pour unité, on a $\delta = 1$, ce qui donne $\pi R I = \dfrac{U W}{2}$.

Précédemment nous avons trouvé $W = 0,800$, on a donc, pour la relation cherchée, $\pi R I = 0,40 U^2$.

Si l'on remplace U^2 par sa valeur $2 g h$, on aura $\pi R I = 0,80 \times g \times h = 7,848 h$, ou encore $R I = \dfrac{7,848}{1000} h = 0,007848 h$, et en désignant $0,007848$ par a, on obtient $R I = a h$, relation fort importante, dont nous avons fait un grand nombre d'applications dans le second volume du *Traité des moteurs*.

On doit faire remarquer que $U W = (V - W)(V + W) = V^2 - W^2$, de sorte que $\dfrac{M U W}{2} = \dfrac{M V^2}{2} \dfrac{M W^2}{2}$, résultat curieux, mais dont nous n'avons pas encore eu l'occasion d'apprécier l'utilité.

La relation $R I = a h$ fait voir que le rapport $\dfrac{R I}{h} = a$ est constant pour tous les courants dont le mouvement peut être considéré comme étant sensiblement uniforme; en effet, si nous calculons ce rapport pour les quatre-vingt-dix-neuf expériences dont les résultats sont consignés dans le *Recueil des cinq tables*, publié par de Prony, nous reconnaîtrons qu'en omettant quelques expériences, dont les résultats paraissent anormaux, ce rapport est sensiblement constant et précisément égal à o,007848 (voir le *Traité des moteurs*, page 549 et suivantes). Ce fait confirme, d'une manière remarquable, l'exactitude de nos déductions et celle du nombre ou coefficient auquel nous a conduit la théorie précédente.

(8) *Expression de la résultante des résistances, ou de la résistance totale.* — Lorsque l'on connaît la vitesse moyenne d'un courant à mouvement uniforme, et que l'on suppose toutes les molécules liquides animées de cette vitesse, alors on peut faire abstraction de la cohésion, et le mouvement de la masse liquide sera analogue à celui d'un corps solide de même forme et de même poids, glissant d'un mouvement uniforme sur la même pente. En effet, considérons une portion de courant à mouvement uniforme, dont la longueur soit l, la pente absolue H, la pente relative I, l'aire de la section ω, son contour ψ et la vitesse moyenne u. Le mouvement étant uniforme, la quantité d'action imprimée par la force motrice, qui est ici la pesanteur, doit être rigoureusement égale à celle absorbée par la résistance due au frottement ou glissement sur le fond du lit. Or, l'action exercée par la pesanteur est égale au poids du liquide $\pi \omega l$, décomposé suivant la pente ou à $\pi \omega l I = \pi \omega H$, puisque $\dfrac{H}{l} = I$. La quantité d'action imprimée par la pesanteur, dans l'unité de temps, a donc pour expression $\pi \omega H u = M g H$, car $\pi \omega u$ est égal au poids de la masse M de liquide qui alimente le courant dans chaque unité de temps.

F étant la résultante des résistances, cette force absorbera, dans chaque unité de temps, une quantité d'action égale à $F u$; on doit donc avoir $F u = M g H$, relation qui exprime que la puissance de l'eau est employée à vaincre les résistances.

La relation précédente donne $F = \dfrac{M g H}{u} = \pi \omega H$; or, dans le numéro précédent, nous avons trouvé $R I = a h$;

mais $R = \dfrac{\omega}{\psi}$, $I = \dfrac{H}{l}$, on a donc $\pi \dfrac{\omega}{\psi} \times \dfrac{H}{l} = \pi a h$, ou $\pi \omega H$ $= \psi l \times \pi a h = F$. Ce qui fait voir que la résistance totale F est proportionnelle à la surface des parois que l'eau recouvre et au carré de la vitesse moyenne.

Si l'on désigne par f la résistance par unité de surface des parois, on aura $F = \psi l \times f$, relation qui, rapprochée des précédentes, donnera $f = \pi R I = \pi a h$.

La résistance par unité de poids, et sur la longueur l, aurait pour expression $\dfrac{F}{\pi \omega l} = \dfrac{\pi \omega H}{\pi \omega l} = \dfrac{H}{l} = I$; c'est-à-dire que cette résistance, dans un courant à mouvement uniforme, est égale à la pente I de ce courant.

(9) *Expression de la résistance dans les courants permanents à mouvement varié.* — Pour déterminer l'expression de la résistance dans les courants à mouvement varié, nous ferons observer que les courants dont nous nous occupons étant permanents, la vitesse en chaque point reste constamment la même ou est indépendante du temps, et que le principe des forces vives est toujours applicable à un pareil système ; or, d'après ce principe, la variation de la force vive du système, entre deux points donnés, est égale au double de l'excès de la quantité d'action imprimée par la force motrice sur la quantité d'action absorbée par la résistance.

Considérons donc une portion de courant d'une longueur s, d'une pente absolue H, d'une pente relative I $= \dfrac{dH}{ds}$, alimentée, dans chaque unité de temps, par la masse constante $M = \pi \omega u$, soient u_0 et u_1 les vitesses moyennes du courant à la première et à la dernière section. La variation de la force vive entre les sections extrêmes sera égale à $M u_1^2 - M u_0^2$.

Les forces motrices du système sont les pressions et la pesanteur ; mais il est facile de reconnaître que, lorsqu'il s'agit de courants découverts, tels que les rivières et les fleuves, les quantités d'action dues aux pressions qui agissent sur les sections extrêmes, se détruisent, de sorte que les quantités d'action imprimées par les forces motrices se réduisent à celles imprimées par la pesanteur. Pour déterminer cette quantité d'action, partageons la partie du courant que nous considérons en tranches infiniment minces par des plans perpendiculaires à l'axe. Sur l'étendue de chaque tranche, on pourra considérer la vitesse moyenne comme constante, le courant sera ainsi remplacé par une suite de tranches infiniment minces, à mouvement uniforme, et la quantité d'action imprimée par la pesanteur, sur la portion du courant dont il s'agit, sera égale à celle imprimée sur l'ensemble des tranches.

Le poids de la tranche qui correspond à la section ω sera égal à $\pi \omega \, ds$; la composante de ce poids suivant la pente sera exprimée par $\pi \omega I ds = M g \, dH$, à cause de $\pi \omega u = M g$ et de $I ds = dH$; la quantité d'action imprimée par le poids de la masse en mouvement, ou par l'ensemble des tranches, sera donc égale à $\int M g \, dH = M g H$.

Si f est la résistance rapportée a l'unité de surface des parois, sur la tranche dont la section est ω, $f \times \psi ds$ exprimera la résistance sur l'étendue de la même tranche, $f u \times \psi ds$ sera la quantité d'action absorbée par le mouvement de cette tranche, et $\int f u \times \psi ds$ la quantité d'action absorbée par l'ensemble des tranches.

L'excès de la quantité d'action imprimée par la force motrice sur celle absorbée par la résistance est donc égale à $M g H - \int f u \times \psi ds$, et l'application du principe des forces vives donne $\dfrac{M u_1^2 - M u_0^2}{2} = M g H - \int f u \times \psi ds$; divisant par $M g$, on a $\dfrac{u_1^2}{2g} - \dfrac{u_0^2}{2g} = H - \dfrac{\int f u \times \psi ds}{M g}$, puis remplaçant $\dfrac{u_1^2}{2g}$ et $\dfrac{u_0^2}{2g}$ par les hauteurs h_1 et h_0 dues aux vitesses u_1 et u_0, il vient $h_1 - h_0 = H - \dfrac{\int f u \times \psi ds}{\pi \omega u}$.

La résistance f sur l'unité de surface des parois est égale à πah, h étant la hauteur due à la vitesse moyenne u, qui correspond à une section quelconque ω ; on a donc $\dfrac{\int fu \times \varphi ds}{\pi \omega u}$

$= \dfrac{\int \pi ahu \times \psi ds}{\pi \omega u}$, qui se réduit à $\dfrac{\int a\psi h ds}{\omega} = \dfrac{\int ah ds}{\mathrm{R}}$. En faisant $\dfrac{ah}{\mathrm{R}} = \mathrm{f}$, on aura pour l'équation du mouvement permanent $h_1 - h_0 = \mathrm{H} - \int f ds$, et pour son équation différentielle $d\mathrm{H} = f ds + dh$. Lorsque le mouvement est uniforme, la vitesse étant constante $dh = 0$, ce qui donne $\dfrac{d\mathrm{H}}{ds} = \mathrm{f} = \mathrm{I} = \dfrac{ah}{\mathrm{R}}$, comme cela doit être.

Il résulte de ce qui précède que la pente relative I de la superficie d'un courant n'est égale à $\dfrac{ah}{\mathrm{R}}$ que dans le cas particulier où le mouvement est uniforme dans toute autre circonstance. Cette pente a pour expression $\dfrac{d\mathrm{H}}{ds} = \mathrm{F} + \dfrac{dh}{ds}$.

Nous devons faire observer qu'il ne faut pas confondre la résistance par unité de surface des parois que, dans le mouvement uniforme, nous avons désigné par f, et qui est égale à πah ou à $\pi \mathrm{RI}$, avec la résistance par unité de poids que nous avons désignée par f et qui est égale à $\dfrac{ah}{\mathrm{R}}$. Le rapport de ces quantités, désignées par des lettres peu différentes, est $\dfrac{f}{\mathrm{f}} = \dfrac{\pi ah \mathrm{R}}{ah} = \pi \mathrm{R}$; de sorte que si dans le mouvement uniforme on a $f = \pi \mathrm{RI}$, et $\mathrm{RI} = ah$, dans le mouvement varié on a $f = \pi \mathrm{Rf}$, et $\mathrm{Rf} = ah$. Il suit de là que f est une quantité que l'on ne peut confondre, avec la pente relative I de la superficie d'un courant, que lorsque le mouvement est ou devient uniforme.

(10) *Observations utiles sur la valeur des quantités δl et δs, $\omega \delta l$ et $\Omega \delta s$.* — Pour prévenir toute difficulté ultérieure, nous

devons faire remarquer que si les sections sont perpendiculaires à l'axe du courant, alors les quantités δs ou ds sont les petites portions de cet axe comprises entre deux sections consécutives ou sont les petits chemins décrits par le centre de ces sections. Si, au contraire, les sections sont faites par des plans verticaux, comme cela a lieu ordinairement sur les fleuves et les rivières, les vitesses virtuelles δl sont alors les projections horizontales des portions δs de l'axe du courant.

Si Ω représente l'aire d'une section perpendiculaire à l'axe et passant par un point déterminé de cet axe ; que ω soit l'aire de la section verticale passant par le même point ; que α soit l'angle que la tangente à l'axe hydraulique fait avec l'horizontale, on aura, eu égard à la petitesse des quantités δs et δl et à celle de l'angle α, $\delta l = \delta s \cos \alpha$ et $\Omega = \omega \cos \alpha$, d'où $\omega \delta l = ds \cos \alpha \times \dfrac{\Omega}{\cos \alpha}$, ou $\omega \delta l = \Omega \delta s$, on pourra donc, lorsqu'on le jugera convenable, prendre l'une de ces quantités pour l'autre.

Nous devons encore faire remarquer que s étant considérée comme variable indépendante, ds ne peut jamais être nul ; mais dl étant égal à $ds \cos \alpha$, on conçoit que, dans les circonstances accidentelles où l'eau d'un courant franchit un barrage ou tombe dans un goufre, l'axe de ce courant puisse momentanément devenir vertical ; alors l'angle α étant égal à 100 grades, on a $\cos \alpha = 0$, et comme $dl = ds \cos \alpha$, il faut bien que, dans cette circonstance, on ait nécessairement $dl = 0$.

III. — DES DIFFÉRENTES FORMES QUE PEUT PRENDRE L'ÉQUATION DU MOUVEMENT VARIÉ.

(11) Considérons (*fig.* 2) le rectangle BA″, dont la longueur AB est égale à la projection horizontale d'une portion de courant, et dont les lignes BA′ et B′A″ représentent le profil longitudinal du fond et de la surface. Le côté AA″

de ce rectangle est égal à la pente absolue du fond H', à laquelle il faut ajouter la hauteur de la section d'amont h^0, c'est-à-dire que l'on a $AA'' = H' + h^0$.

Le second côté vertical BD du même rectangle est égal à la somme de la hauteur h' de la section d'aval et de la pente absolue de la surface H, c'est-à-dire que l'on a $BD = h' + H$, comme $AA'' = BD$, il s'ensuit $H' + h^0 = H + h'$.

Au-dessus du point A'' rapportons de A'' en A''' la hauteur h_0 due à la vitesse dans la section d'amont, et au-dessus du point B' rapportons de B' en B'' la hauteur h_1 due à la vitesse dans la section d'aval, tirons les horizontales $B'E$ et $A'''B'''$, nous aurons dans le rectangle $B'A'''$, $H + h_0 = F + h_1$ ou $H = F + h_1 - h_0$.

Cette valeur de H ou de la pente absolue de la surface du courant comparée à celle trouvée dans le n° 9 qui est $H = \int f ds + h_1 - h_0$ donne évidemment $F = \int f ds$.

Si l'on conçoit la courbe dont l'équation est $F = \int f ds$, cette courbe aura pour ordonnées les hauteurs perdues en résistance et sera le lieu de l'extrémité de ces hauteurs. L'équation différentielle de cette courbe étant $dF = f ds$, la valeur de f, en un point quelconque, sera égale à l'inclinaison de la tangente à la courbe en ce point.

La courbe dont il vient d'être question est celle que nous avons appelée ligne des résistances, puisque ses ordonnées sont les hauteurs perdues en résistances.

Nous avons trouvé ci-dessus $H = H' - (h^1 - h^0)$, nous venons de trouver $H = F + h_1 - h_0$, il en résulte que l'on a $H' - (h' - h^0) = F + h_1 - h_0$ ou $h' + h_1 - (h^0 + h_0) = H' - F$, relation qu'il était facile d'obtenir directement de l'égalité des deux côtés du grand rectangle AB'''.

Lorsque les sections d'un courant sont prises à égale distance, et que cette distance a une grandeur finie, les relations ci-dessus sont des équations aux différences auxquelles on donne les formes suivantes : $\Delta H = \Delta H' - \Delta h' \dots$ (1), $\Delta H = \Delta F + \Delta h \dots$ (2), $\Delta h' + \Delta h = D H' - \Delta F \dots$ (3).

Si nous désignons par I^0, I', I'', etc., les pentes relatives des points considérés de la surface du courant, on aura $dH = Idl$; nous avons déjà trouvé pour la ligne des résistances $dF = fdl$, quant aux parties relatives du fond en les désignant par i^0, i', i'', etc., on aura $dH' = idl$, dans le cas particulier où le fond du courant aura une courbure régulière et continue.

Les équations aux différences pourront donc se transformer en équations différentielles, lorsque l'on sera assujetti à subdiviser le courant en tranches infiniment minces. Les équations différentielles du mouvement varié auront donc les formes suivantes : $dH = idl — dh'$, $dH = fdl + dh$, enfin $dh' + dh = (i — f) dl$.

Sur ces trois équations, les deux premières sont seules nécessaires, puisque la troisième s'obtient par leur différence.

<h3>IV. — CONSÉQUENCES DES ÉQUATIONS DIFFÉRENTIELLES.</h3>

(12) *Observations sur la courbure de l'axe hydraulique et sur celle de la ligne des résistances.* — Reprenons donc les équations dH ou $Idl = idl — dh'$, $Idl = fdl + dh$, dont la différence donne $dh + dh = (i — f) dl$, relation fort importante pour les déductions qui vont suivre.

Nous avons trouvé précédemment $f = \dfrac{a \psi h}{\omega}$, la propriété fondamentale du mouvement permanent $u\omega = Q$, ou $h\omega^2 = \dfrac{Q^2}{2g}$, nous donne une dernière relation qui, avec les précédentes, suffit pour résoudre les principales questions; en effet, des sept quantités Q, h', h, f, i, ψ, ω, qui entrent dans ces relations, les données géométriques sur la forme du lit rendent les quantités h', ψ, et ω dépendantes l'une de l'autre; de sorte que l'une d'elles étant connue les deux autres s'ensuivent nécessairement; la quatrième i est ordinairement une des données des questions, sur les quatre autres quantités Q, h', h et f, il suffira d'en connaître une pour déterminer les trois autres.

Si nous cherchons à déterminer la pente I de la surface du courant, nous trouverons $I = \dfrac{\omega\,f - 2\,h\mathrm{L}\,i}{\omega - 2\,h\mathrm{L}}$, qui, lorsque la section est rectangulaire, devient $I = \dfrac{f\,h' - 2\,h\,i}{h' - 2\,h}$, à cause de $\omega = \mathrm{L}\,h'$.

Remarquons actuellement que I devient infinie avec i, est nulle lorsque $h'f = 2\,h\,i$, ou $\omega f = 2\,h\mathrm{L}\,i$, et indéterminée lorsque de plus $h' = 2\,h$ ou $\omega = 2\,h\mathrm{L}$. Nous devons d'ailleurs faire observer que lorsque l'on a $i = f$, il vient nécessairement $h' = 2\,h$.

Il résulte donc de la valeur de I que la surface d'un courant est susceptible de prendre accidentellement toutes les inclinaisons, car un ou plusieurs des éléments de cette surface peuvent être horizontaux, tandis que d'autres peuvent approcher de la verticale, comme cela a lieu pour une chute ou pour un relèvement.

Ce que nous venons de dire de l'axe hydraulique ou de la ligne qui, sur le profil en long, correspond à la surface d'un courant, ne peut s'appliquer à la ligne de résistance, car, dès qu'un liquide se meut dans un lit quelconque, la résistance commence à agir et ne peut jamais être nulle ni négative, ainsi que cela résulte de l'expression $f = \dfrac{a\,\psi\,h}{\omega}$.

En effet, pour que f fût égale à zéro, il faudrait que l'on eût $\psi = 0$, ce qui ne peut avoir lieu que quand le lit d'un courant est brusquement interrompu, et que le liquide, n'étant plus soutenu par les parois, se verse librement dans l'air; ou bien encore, lorsque ω devient infini, où lorsqu'un courant verse ses eaux dans la mer, circonstances qui, sans être étrangères à l'objet dont nous nous occupons, sont au moins trop accidentelles pour ne pas sortir du cadre dans lequel nous devons nous renfermer.

Cette propriété, qui consiste à ne pas avoir d'élément horizontal, est particulière à la ligne des résistances et ne convient ni à l'axe hydraulique, ni à la ligne des centres, ni à celle du fond.

Les divers éléments de la ligne des résistances baisseront donc sans cesse, sans pouvoir se relever. Cette ligne pourra avoir des points d'inflexion, mais elle n'aura jamais de points *maxima* et de points *minima* par rapport à l'horizontale.

Reprenons l'équation générale $dh' + dh = (i - f)\, dl$, d'où résulte $dh' + dh = o$ lorsque $(i - f)\, dl = o$; d'un autre côté, lorsque la section est rectangulaire, on a $h'^2 h = \dfrac{Q^2}{2\,g\,L^2}$, d'où résulte $2\,h\,dh' + h'\,dh = s$, qui donne $h' = 2\,h$. Lorsque $dh' + dh = o$, par conséquent, dans cette circonstance, la hauteur due à la vitesse est égale à la moitié de la hauteur de la section. Cherchons à reconnaître, quand cette circonstance se produit, quelle en doit être la véritable signification; pour cela, reprenons l'équation $h\,h'^2 = \dfrac{Q^2}{2\,g\,L^2}$, et remarquons que, quand on s'occupe d'un courant permanent, le débit Q étant nécessairement constant, la quantité $h\,h'^2$ n'est susceptible de varier que par la grandeur de L, et que le maximum de ce produit correspondra toujours à la plus petite valeur de L ou à la largeur qu'il convient de donner à la section, pour que le débit $\dfrac{Q}{L}$ par mètre courant de largeur soit le plus grand possible. Si donc, dans la section d'un courant, on a $dh' + dh = o$ ou $h' = 2h$, on obtiendra $\dfrac{h'^3}{2} = \dfrac{Q^2}{2\,g\,L^2}$, d'où $\dfrac{Q}{L} = \sqrt{g\,h'^3}$, et la largeur à donner à la section, pour que la condition du maximum soit remplie, sera $L = \dfrac{Q}{\sqrt{g\,h'^3}}$.

Si la largeur L est donnée, la hauteur de la section qui correspondra au maximum de débit sera $h' = \sqrt[3]{\dfrac{Q^2}{g\,L^2}}$;

mais comme on n'est pas maître de régler la hauteur de la section dans un lit déterminé, surtout lorsque le débit est donné, on doit en conclure que c'est accidentellement que la hauteur h' pourra être égale à $\sqrt[3]{\dfrac{Q^2}{gL^2}}$.

Lorsque le débit Q et la largeur L sont constants, on a nécessairement $2\,h\,dh' + h'\,dh = 0$; mais on ne peut avoir $dh' + dh = 0$ que dans quatre circonstances;

1° Lorsque l'on a séparément $dh = 0$ et $dh' = 0$ ou $h' =$ constante, et $h =$ constante;

2° Lorsque $h' + h =$ constante;

3° Lorsque $h' + h$ est un maximum ou un minimum;

4° Enfin lorsque h étant un maximum h' est nul.

Dans la première circonstance le courant a nécessairement un mouvement uniforme, et chacun des termes de l'équation $2\,h\,dh' + h'\,dh$ étant isolément nul, on ne peut pas en conclure que $h' = 2\,h$.

Dans la seconde circonstance, on a, pour chaque section, $h' + h =$ constante, ce qui veut dire que la ligne des résistances est parallèle au fond. Si de plus la largeur L est constante, la relation $h' + h = c$ convenant à tous les points de l'axe du courant, les hauteur h' et h sont isolément constantes; le courant a donc encore un mouvement uniforme, mais sa section est telle que l'on a constamment $h' = 2\,h$, ou que le débit par mètre courant de largeur est le plus grand possible.

Dans la troisième circonstance $h' + h$ n'est pas susceptible d'être un *minimum*, mais il peut avoir une valeur *maxima;* lorsque cela a lieu, la distance verticale qui sépare le fond de la ligne des résistances est la plus grande possible. Par conséquent la ligne des résistances, qui n'est pas susceptible de *maximum* par rapport à l'horizontale, peut cependant en présenter un par rapport à la ligne du fond; comme en ce point on a nécessairement $h' = 2\,h$, le débit par mètre courant de section est alors le plus grand possible. Lorsque cela a lieu, la ligne des résistances n'est pas nécessairement parallèle au fond, alors comme $dh' + dh = 0$ et que l'on ne peut avoir $i = f$, il faut bien que l'on ait $dl = 0$; c'est-à-dire qu'en ce point le fond présente une chute ou une ouverture par laquelle le liquide se déverse. Par conséquent toutes les fois que le fond présentera une chute ou une ouverture, la section verticale, qui correspond au seuil, sera-t-elle que $h' = 2h$, ou que le débit par mètre courant du seuil soit le plus grand possible.

. Dans la quatrième circonstance, on aurait séparément $dh = 0$ et $dh' = 0$; mais h' étant nulle n'est plus susceptible de représenter la hauteur d'une section par laquelle passe un débit déterminé ; la relation $2hdh' + h'dh = 0$ ne peut donc plus avoir lieu. Cette circonstance se présenta lors du déversement d'un courant, car alors les sections perpendiculaires à l'axe s'inclinent de plus en plus jusqu'à la section horizontale qui correspond au seuil, pour laquelle $h' = 0$ et $h = c$ d'où $dh = 0$ et $dh' = 0$, sans que l'on ait $h' = 2h$.

Pour rendre nos déductions plus faciles, nous avons supposé, dans ce qui précède, que la section était rectangulaire ; mais avec une section quelconque on arriverait à des résultats peu différents. L'équation $2hdh' + h'dh = 0$, serait alors remplacée par $2hLdh' + \omega dh = 0$, et remplaçant $\frac{\omega}{L}$ par la hauteur moyenne h', on aurait encore $2hdh' + h'dh = 0$, dans laquelle il conviendrait de ne pas oublier que h' est alors la hauteur moyenne de la section.

. Lorsque l'on a $dl = 0$ ou lorsque le fond présente une chute ou un goufre, il vient nécessairement $dH = dh$, c'est-à-dire que l'augmentation de la hauteur due à la vitesse est précisément égale à l'augmentation de la pente absolue ; on a aussi $\frac{dH}{dl} = I = \infty$, par conséquent l'axe hydraulique se rapproche de la verticale.

Nous savons que la ligne des résistances ne peut pas avoir d'élément horizontal, cependant quand une résistance très-faible s'exerce sur peu d'étendue, on se permet quelquefois de considérer f comme nulle, ce qui donne encore $d\mathrm{H} = dh$ sans avoir I infinie.

(13) *Intégration de l'équation générale lorsque la largeur du courant est indéfinie et que le fond est horizontal.* — La quantité $dh' + dh$ étant la différentielle de $h' + h$ ou de la distance verticale qui sépare le fond de la ligne des résistances, l'équation $(i - \mathrm{f})dl = dh' + dh$ serait facilement intégrable, si i étant constant ou donné, on connaissait f en fonction de l ou de h; on obtiendrait ainsi l'équation de la ligne des résistances, celle de la ligne du fond étant connue, mais les résultats auxquels on parviendrait ne seraient pas d'une utilité comparable aux caculs pénibles qu'ils exigeraient.

Cependant lorsque le fond est horizontal $i = o$ et l'équation générale se réduit à $dh' + dh = \mathrm{f}\,dl$ qui est facilement intégrable, car $h + \dfrac{Q^2}{2\,g\omega^2} = \dfrac{e}{\omega^2}$, en faisant pour simplifier $\dfrac{Q^2}{2\,g} = e$, de plus $\mathrm{f} = \dfrac{a\psi h}{\omega} = ae\,\dfrac{\psi}{\omega^3}$, et, par suite,

$$dh = \frac{-\,2\,ed\omega}{\omega^3}.$$

Donc le cas particulier ou la section a une largeur indéfinie $\dfrac{\psi}{\omega} = \dfrac{1}{h'}$, $h = \dfrac{e}{h'^2}$, $\mathrm{f} = \dfrac{ae}{h'^3}$, et $dh = \dfrac{-\,2\,edh'}{h'^3}$, la substitution de ces diverses quantités dans l'équation $dh' + dh = \mathrm{f}\,dl$ la change en $dh'\left(\dfrac{2\,e}{h'^3} - 1\right) = \dfrac{a\,e}{h'^3}\,dl$, d'où $2\,edh' - h'^3 dh' = aedl$, dont l'intégrale est $2\,eh' - \dfrac{h'^4}{4} = ael + c$; on détermine la constante lorsque l'on sait qu'à l'origine, au point où $l = o$, on a $h' = (h')$, alors il vient $(h'^4) - h'^4 - 8\,e[(h') - h'] = 4\,el$ équation d'une parabole du quatrième degré.

V. — Conséquences des équations aux différences.

(14) *Formes à donner aux équations pour faciliter les applications.* — Supposons le courant que nous considérons partagé en tranches d'une faible épaisseur, sans être comme ci-dessus infiniment minces, ce qui ici n'est plus nécessaire, car il s'agit de lignes telles que l'axe hydraulique et la ligne des résistances, dont la courbure est ordinairement si faible que l'on peut, sans crainte d'erreur, admettre qu'une portion d'une faible étendue de chacune de ces lignes, se confonde soit avec sa tangente, soit avec sa corde, supposition que nous n'aurons pas même à faire. Considérons une de ces tranches dont l'épaisseur ou la longueur soit Δl; soient encore f_0 et f_1 les pentes relatives de la ligne des résistances qui correspondent aux sections extrêmes de la tranche, soit enfin ΔF la pente absolue de la ligne des résistances entre les mêmes sections; comme les angles que la corde d'un arc de cette ligne fait avec les tangentes menées aux extrémités du même arc, sont toujours très-petits, on peut, d'après ce que nous avons démontré au n° 38 du tome II du *Traité des moteurs*, poser

$$\Delta F = \frac{(f_0 + f_1)}{2} \Delta l,$$ ce qui change l'équation $\Delta H = \Delta F + \Delta h$

trouvée ci-dessus (n° 11) en $\Delta H = \dfrac{(f_0 + f_1)}{2} \Delta l + \Delta h.$

L'équation que nous venons de trouver, résultant de propriétés purement géométriques, est susceptible d'être appliquée à des arcs d'une grandeur finie et même d'une étendue assez considérable, comme on peut le reconnaître par les applications que nous avons eu occasion de faire à la rivière de Saône dont les détails se trouvent à la page 575 du tome II du *Traité des moteurs*.

Ce que nous venons de dire de la ligne des résistances s'applique également à la ligne de la surface que nous appelons l'axe hydraulique. Si donc I_0 et I_1 sont les pentes relatives des extrémités d'une partie de cet axe dont la pente absolue soit ΔH et qui corresponde à la longueur Δl, on aura $\Delta H = \dfrac{(I_0 + I_1)}{2} \Delta l$.

Quant à la pente absolue du fond $\Delta H'$, elle est fréquemment une des données des questions que l'on a à traiter ; d'ailleurs comme cette pente varie souvent arbitrairement, on ne peut la remplacer par $\dfrac{(i_0 + i_1)}{2} \Delta l$ que dans la circonstance très-rare où la ligne du fond est une courbe continue et à faible courbure.

Dans le cas particulier où cette ligne est une droite ou peut être remplacée par une droite, on a nécessairement $\Delta H' = i \Delta l$.

Les équations $\Delta H = \Delta F + \Delta h$ et $\Delta H = \Delta H' - \Delta h'$ pourront donc être remplacées par les suivantes : $(I_0 + I_1) \dfrac{\Delta l}{2} = (f_0 + f_1) \dfrac{\Delta l}{2} + h_1 - h_0$ et $(I_0 + I_1) \dfrac{\Delta l}{2} = i \Delta l - (h' - h^0)$ qui donnent ensuite $h' + h_1 - (h^0 + h_0) = \Delta l \left(i - \dfrac{(f_0 + f_1)}{2} \right)$.

Des trois équations qui précèdent, on obtiendra à volonté pour la distance Δl qui sépare les sections dont les hauteurs sont h' et h^0.

$$\Delta l = \frac{2(h' - h_0)}{2i - (I_0 + I_1)}, \quad \Delta l = \frac{2(h_1 - h_0)}{I_0 + I_1 - (f_0 + f_1)}, \quad \text{et enfin}$$

$$\Delta l = \frac{2[h' + h_1 - (h^0 + h_0)]}{2i - (f_0 + f_1)}.$$

(15) *Amplitude des relèvements dans les lits réguliers à pente constante.* — Lorsqu'un obstacle contrarie le libre cours des eaux, il détermine un relèvement dont l'axe hydraulique est ordinairement concave. La formule

$$\Delta l = \frac{2(h' - h^0)}{2i - (I_0 + I_1)}$$

donne les moyens de déterminer la distance qui se trouve entre les sections ω_0 et ω_1 lorsque l'on connaît les hauteurs de ces sections. Si h' est la hauteur de la section la plus voisine de l'obstacle, celle où le relèvement atteint sa hauteur *maxima*, que h^0 soit la hauteur primitive du courant, celle qu'il conserve dans les parties où l'effet de l'obstacle ne se fait pas sentir, $h' - h^0$ sera la hauteur du relèvement, nous la représenterons par r. A l'extrémité du relèvement, au point où son axe se raccorde avec l'axe primitif du courant, l'inclinaison des deux axes est égale à i. Si donc on veut déterminer l'amplitude du relèvement à partir du point de raccordement avec l'axe primitif du courant, il faut faire $I_0 = i$ dans la formule ci-dessus, et remplacer $h' - h^0$ par r, on obtient ainsi $\Delta l = \dfrac{2\,r}{i - I_1}$, formule qui diffère très-peu de celle à laquelle Dubuat était parvenu ; elle a été abandonnée parce qu'on ne savait pas la modifier lorsque les circonstances l'exigeaient.

Dans la formule $\Delta l = \dfrac{2\,r}{i - I_1}$, la limite inférieure des valeurs de I_1 étant zéro, il s'ensuit que la limite des valeurs de l'amplitude d'un relèvement, dont l'axe hydraulique est concave, a pour expression $\dfrac{2\,r}{i}$, c'est-à-dire qu'elle est égale au double de l'amplitude hydrostatique.

L'étendue d'une partie quelconque du relèvement comprise entre le point où il se termine et un autre point où la hauteur du relèvement soit r' et la pente relative I', aura pour expression $\Delta l = \dfrac{2\,r'}{i - I'}$.

La distance entre deux points quelconques de l'axe hydraulique du relèvement, résultera des formules

$$\Delta l = \frac{2\,(h' - h^0)}{2\,i - (I_0 + I_1)} \quad \text{et} \quad \Delta l = \frac{2\,[h' + h_1 - (h^0 + h_0)]}{2\,i - (f_0 + f_1)} \quad \text{dont}$$

la première convient mieux pour la discussion et la seconde pour les applications, car cette dernière est indépendante des pentes relatives I de l'axe hydraulique qu'il est moins facile d'obtenir que les pentes relatives f de la ligne des résistances.

Quelques savants hydrauliciens remplacent l'équation $\Delta H = \dfrac{(f_0 + f_1)}{2} \Delta l + \Delta h$ par $\Delta H = f \Delta l + \Delta h$. On doit faire observer que cette dernière équation est beaucoup moins exacte que la précédente, car $\Delta F = \int f \, dl$ et ne peut être remplacée par $f \Delta l$ que dans des circonstances exceptionnelles. Les mêmes savants combinant ensuite l'équation que nous venons de rapporter, avec $\Delta H = i \Delta l - \Delta h'$, ils obtiennent ainsi $\Delta l = \dfrac{\Delta h + \Delta h'}{i - f}$. Cette formule, qui est à peu près celle proposée par le savant Prony, paraît donner $\Delta l = \infty$ lorsque $i = f$, ou lorsque l'on veut déterminer le point où l'axe hydraulique du relèvement se raccorde avec l'axe hydraulique primitif. Cela provient de l'inexactitude de l'équation $\Delta H = f \Delta l + \Delta h$, car lorsqu'on fait dans cette équation $f = i$ et qu'on la rapproche de $\Delta H = i \Delta l - \Delta h'$, il vient $\Delta h + \Delta h' = o$ en sorte que la valeur de Δl devient $\dfrac{o}{o}$ lorsqu'on y fait $i = f$, la formule $\Delta l = \dfrac{\Delta h + \Delta h'}{i - f}$ est donc insuffisante et ne peut servir à déterminer le point où les axes hydrauliques se raccordent. Remarquons encore que, lorsqu'il s'agit de relèvement, on ne peut avoir $\Delta h + \Delta h' = o$, car la quantité $h' - h^0 + h_1 - h_0$ ne peut jamais être nulle, et une formule inexacte a pu seule nous conduire à un tel résultat.

(16) *Amplitude des abaissements lorsque le lit du courant est régulier et à pente constante.* — Si le mouvement du courant, au lieu d'être contrarié par un obstacle, est favorisé par une chute ou par une ouverture pratiquée dans le fond; alors les ordonnées de l'axe hydraulique seront décroissantes depuis le point où la tangente est parallèle au fond jusqu'à la chute où le liquide se déverse, l'axe hydraulique s'abaissera donc et deviendra convexe; la distance entre deux points quelconques de l'axe de l'abaissement

résultera des formules générales $\Delta l = \dfrac{2\,(h^\circ - h')}{I_0 + I_1 - 2i}$ et

$\Delta l = \dfrac{2[h^\circ + h_0 - (h' + h_1)]}{f_0 + f_1 - 2i}$.

Quant à la plus petite section verticale, celle que présente le courant au moment de déverser, nous savons qu'elle est telle que $dh' + dh = 0$ ou que $h' = 2h$; ce qui donne pour déterminer la hauteur h'^1, $h'^3 = \dfrac{Q^2}{gL^2}$. Les hauteurs primitives h° et h_0 étant données, la différence $h^\circ + h_0 - (h' + h_1)$ est déterminée, nous la représenterons par d; la pente relative f_0 correspondante à la section ω_0 étant égale à i, on aura pour l'amplitude de l'abaissement $\Delta l = \dfrac{2d}{f_1 - i}$; on sait d'ailleurs que $f = \dfrac{a\psi h}{Lh'}$, et comme $h' = 2h$, on a $f_1 = \dfrac{a\psi_1}{2L}$, ce qui donne $\Delta l = \dfrac{4\,dL}{a\psi_1 - 2Li}$. La valeur de Δl, que nous venons de trouver, ne peut devenir infinie, mais elle devient $\dfrac{0}{0}$ ou indéterminée quand on a $i = \dfrac{a\psi_1}{2L}$, ou lorsque la pente i est telle que le courant débite d'un mouvement uniforme le plus grand volume d'eau par mètre courant de largeur. Dans cette circonstance, l'axe hydraulique reste rectiligne jusqu'à l'ordonnée verticale qui correspond à la chute, de sorte que la surface ne s'abaisse que pour déverser.

(17) *Du débit des courants à mouvement varié; valeur exacte de ce débit.* — Nous pouvons maintenant nous occuper des moyens de déterminer le débit des courants à mouvement varié, lorsque l'on connaît leur profil en long, la pente de leur surface, par un nivellement fait avec soin, et la forme de leur lit par une série de profils en travers équidistants.

Avant de résoudre cette question, nous devons faire observer que chaque couple de sections peut donner un débit par l'équation $\Delta H = \dfrac{(f_0 + f_1)}{2} \Delta l + \Delta h$, dans laquelle $f = \dfrac{aQ^2}{2g} \times \dfrac{\psi}{\omega^3}$; or les débits ainsi obtenus peuvent différer beaucoup entre eux, car, par deux sections prises isolément et conservant la même différence de niveau ou la même pente absolue, on peut faire passer un grand nombre de débits différents, et la formule donne le débit qui aurait lieu si la surface du courant avait une pente constante entre les deux sections que l'on considère ; si l'on prend trois sections, la courbe exprimée aura trois points de commun avec l'axe hydraulique du courant, et le débit que l'on obtiendra sera généralement plus approché du débit réel ; enfin, si l'on prend six, huit, dix ou douze sections à la fois, les deux courbes ayant entre elles six, huit, dix ou douze points communs, se confondront sensiblement, et le débit donné par la formule approchera d'aussi près que l'on voudra du débit réel ; cela arrivera d'autant plus promptement que les sections varieront graduellement ou n'éprouveront pas de variations brusques dans leurs dimensions, afin que les quantités de la forme de $(f_0 + f_1) \dfrac{\Delta l}{2}$ diffèrent peu des quantités $\int f\, dl$ quelles remplacent, mais auxquelles elles ne sont pas rigoureusement égales.

Nous savons que $f = \dfrac{aQ^2}{2g} \times \dfrac{\psi}{\omega^3}$. Pour simplifier, nous remplacerons $\dfrac{\psi}{\omega^3}$ par j et $\dfrac{aQ^2}{2g}$ par N^2. Nous aurons ainsi, pour les deux premières sections, $\Delta F_0 = (f_0 + f_1) \dfrac{\Delta l}{2} = N^2 (j_0 + j_1) \dfrac{\Delta l}{2}$; pour les trois premières sections, on aura $\Delta F_0 + \Delta F_1 = N^2 [j_0 + 2(j_1 + j_2) + j_n] \dfrac{\Delta l}{2}$; enfin pour

un nombre n de sections, on aura $\Sigma\Delta F = F = N^2[j_0 +$
$2(j_1 + j_2 + j_3 + \text{etc.} + j_{n-1}) + j_n]\,\dfrac{\Delta l}{2}$. Remarquons
maintenant que si les sections sont équidistantes, on a
$\Delta l = \dfrac{l}{n}$ et que $j_0 + 2(j_1 + j_2 + j_3 + \text{etc.} + j_{n-1}) + j_n = 2\Sigma j - (j_0 + j_n)$, ce qui donne, pour les valeurs de F,
$F = N^2\left[\dfrac{\Sigma j}{n} - \dfrac{1}{2n}(j_0 + j_n)\right] l$. Or $\dfrac{\Sigma j}{n}$ est égal à la moyenne
arithmétique des j que nous représenterons par J, puis chacune des valeurs de j étant toujours fort petite, lorsque ω est plus grand que l'unité, ce qui a toujours lieu pour les rivières et les fleuves, la $2n^{\text{ième}}$ partie de la somme de deux de ces valeurs pourra toujours être négligée sans qu'il puisse en résulter d'erreur sensible. Nous aurons donc
$F = N^2 J \times l$, de sorte que si $N^2 J$ est égale à $\dfrac{F}{l}$ ou à la
pente constante i d'une ligne des résistances qui aurait la même pente absolue que celle du courant considéré. Quant à la valeur de F, nous savons qu'elle est égale à la pente absolue de la surface H, qui est une des données de la question, augmentée de la différence des hauteurs dues aux vitesses dans les sections extrêmes, c'est-à-dire que
l'on a $F = H + h_n - h_0$. Mais $h_n - h_0 = \dfrac{N^2}{a}\left(\dfrac{1}{\omega^2_n} - \dfrac{1}{\omega^2_0}\right)$,
on aura donc
$$H = N^2 J \times l + \dfrac{N^2}{a}\left(\dfrac{1}{\omega^2_n} - \dfrac{1}{\omega^2_s}\right), \text{ d'où } N^2 = \dfrac{H}{j \times l + \dfrac{1}{a}\left(\dfrac{1}{\omega^2_n} - \dfrac{1}{\omega^2_0}\right)}.$$

La quantité N^2, dont nous venons de donner les moyens d'obtenir la valeur, est constante pour chaque courant et sert à déterminer le débit à l'aide d'un nivellement et d'une série de sections. Lorsqu'elle est connue, on obtient le
débit Q par la formule $Q = N\sqrt{\dfrac{2g}{a}}$, car la quantité $\dfrac{2g}{a}$
est une quantité connue et toujours égale à 2 500, ce qui

donne $\sqrt{\dfrac{2g}{a}} = 5\text{o}$. La quantité N est donc telle que, multipliée par 5o, elle donne le débit du courant auquel elle se rapporte; elle joue ainsi un rôle important, et comme elle est d'une grande utilité dans une foule de circonstances, nous lui avons affecté le nom de *norme*, afin de rappeler son importance. Nous devons faire connaître ici que la quantité que nous avons désignée par N^2 dans le IIe volume du *Traité des moteurs* est égale à $\dfrac{a\,Q^2}{4\,g}$ et est précisément égale à la moitié de la quantité que nous venons de désigner par N^2; nous avons fait ce changement, parce qu'il est facile de se rappeler que le nombre N^2 est toujours le cinquantième du produit du courant dont on s'occupe.

(18) *Amplitude des relèvements dans les courants à lit irrégulier et à pente variée.* — Nous avons donné n° 15 les moyens de déterminer l'amplitude des relèvements lorsque le lit du courant est régulier à pente constante; actuellement nous allons traiter la question analogue pour les courants à lit irrégulier et à pente variée.

Dans la circonstance qui nous occupe, il faut nécessairement procéder par partie; si, par exemple, on divise la longueur l, de la partie du courant que l'on considère, en n parties égales à $\dfrac{l}{n}$ et si l'on désigne par ΔH^0, $\Delta H'$, $\Delta H''$, etc., les pentes absolues du fond qui correspondent respectivement à ces parties, on aura successivement :

$$h^0 + h_1 - (h' + h_1) = \Delta H^0 - N^2 (j_0 + j_1) \frac{l}{2n},$$

$$h' + h_1 - (h'' + h_2) = \Delta H' - N^2 (j_1 + j_2) \frac{l}{2n},$$

$$\text{etc.} \quad = \quad \text{etc.}$$

La somme de toutes ces équations donnera :

$$h^0 + h_0 - (h^n + h_n) = \Sigma \Delta \mathrm{H}' - \frac{\mathrm{N}^2 l}{2n} (j_0 + 2[j_1 + j_2 + \alpha] + j_n).$$

Nous avons vu ci-dessus que $j_0 + 2(j_1 + j_c + \alpha) + j_n$ était sensiblement égal à $2\Sigma j$, on aura donc $h^0 + h_0 - (h^n + h_n) = \mathrm{H}' - \dfrac{\mathrm{N}^2 l}{n} \Sigma j$.

Si maintenant nous désignons par (h^0) (h_0) (h^n) (h_n) les différentes hauteurs qui se rapportent aux sections extrêmes, lorsque le courant était libre ou sans obstacle ni relèvement, par (j) les valeurs de $\dfrac{\psi}{\omega^3}$ qui conviennent à cet état du courant, nous aurons encore

$$(h^0) + (h_0) - [(h^n) + (h_n)] = \mathrm{H}' - \frac{\mathrm{N}^2 l}{n} \Sigma (j).$$

Cette équation retranchée de son analogue, obtenue ci-dessus, donnera

$$h^0 + h_0 - [(h^0) + (h_0)] + (h^n) + (h_n) - (h^n + h_n) = \frac{\mathrm{N}^2 l}{n} [\Sigma (j) - \Sigma j].$$

Observons actuellement que si h^0 est la hauteur de la section où le relèvement atteint sa hauteur *maxima* $h^0 - (h^0)$ sera précisément la hauteur r de ce relèvement; quant à la quantité $h^n + h_n - [(h^n) + (h_n)]$, elle est égale à la différence α que présentent, dans la $n^{ème}$ section, les ordonnées de la ligne de résistance avant et après le relèvement, on aura ainsi $r - \alpha = \dfrac{\mathrm{N}^2 l}{n} [\Sigma (j) - \Sigma j] + (h_0) - h_0$.

Si l'on veut déterminer la section dans laquelle la hauteur du relèvement est réduite à α, il faut calculer la somme des (j), ce qui sera facile puisque l'on connaît toutes les sections du courant dans son état libre, puis la somme des j ce qui sera long et difficile, car toutes les sections du courant relevé sont à calculer.

Lorsque l'axe hydraulique du relèvement se raccorde

avec l'axe hydraulique du courant dans son état primitif,
$\alpha = o$ et il reste $r = \dfrac{N^2 l}{n} [\Sigma(j) - \Sigma j] + (h_0) - h_0$.

Pour déterminer le point de raccordement, il suffira donc
de chercher les sommes de (j) et de j, ce qui sera facile
pour la première, long et pénible pour la dernière.

On peut déterminer rapidement, d'une manière fort
approchée l'amplitude d'un relèvement dont la hauteur
maxima est connue ; en effet, au point où le relèvement se
termine, la ligne des résistances du relèvement se raccorde
avec la ligne des résistances dans son état primitif ; or, nous
savons (17) que cette dernière ligne peut toujours être
remplacée par une ligne à pente constante i, de sorte que
l'on pourra avoir pour cette ligne $(F) = il$, et pour la ligne
des résistances qui correspond au relèvement, $F = (f_0 +$
$f_n)\ \dfrac{l}{2}$, et par suite $l = \dfrac{2[(F) - F]}{2i - (f_0 + f_n)}$; $(F) - F$ étant la
distance entre les deux lignes au point où le relèvement
atteint sa hauteur maxima, on a nécessairement $(F) - F$
$= h^o + h_0 - [h^o + (h_0)] = r + h_0 - (h_0)$ ce qui donne
pour l'amplitude du relèvement $l = \dfrac{2[r + h^o - (h^o)]}{2i - (f_0 + f_n)}$.

VI. — DES BARRAGES ET DE LEUR DÉBIT.

(19) *Des moyens d'apprécier les effets de barrages.* — Un
barrage est un ouvrage établi au travers du lit d'un courant
pour en relever la superficie dans la partie située en amont.
Ce relèvement est ainsi produit par le brusque exhausse-
ment du lit du courrant sur une longueur toujours peu considérable et qui dépasse rarement trois ou quatre mètres.

Considérons un barrage dont le seuil placé à une hauteur δ au-dessus du fond, (*Fig.* 3) relève près de cet ouvrage le niveau primitif du courant d'une hauteur r, de
sorte que la hauteur primitive du courant qui était b, est
devenue $b + r$, et cherchons à apprécier ses effets ; pour

cela désignons par L la longueur du barrage, par L_0 la largueur du courant, par h' la hauteur de la section qui correspond au seuil; par h, la hauteur due à la vitesse moyenne de cette section.

Désignons encore par $h°$ la hauteur de l'axe hydraulique au-dessus du seuil au point où le relèvement atteint sa hauteur maxima, la hauteur totale de la section qui correspond à ce point sera donc $h° + \delta = b + r$; par h_0 la hauteur due à la vitesse dans cette section à hauteur maxima.

Par ΔH la pente absolue de superficie entre la section qui correspond au seuil et la section à hauteur maxima, on aura $\Delta H = h° - h' = \dfrac{(f_0 + f_1)}{2} \Delta l + h_1 - h_0$. Mais sur la petite longueur Δl, comprise entre les deux sections dont on s'occupe, on peut négliger le terme $(f_0 + f_1) \dfrac{\Delta l}{2}$ qui est toujours très-petit, même lorsque Δl est une longueur de 15 à 20^m.00, il reste alors $\Delta H = h° - h' = h_1 - h_0$ ou $h° + h_0 = h' + h_1$.

Pour la section qui correspond au seuil on a $dh' + dh = 0$ où $h' = 2 h_1$ et $h'^3 = \dfrac{Q^2}{g m^2 L_1^2}$, puis à cause de $h° + h_0 = h' + h$, et de $h' = 2 h_1$, il vient $h° + h_0 = \dfrac{3}{2} h^1$, le mouvement étant permanent, on a $(h° + \delta)^2 = (b + r)^2 = \dfrac{Q^2}{2 g L_0^2}$.

Entre les neuf quantités Q, L_0, L_1, b, r, δ, $h°$, h_0 et h' on a les quatre relations $h' = \dfrac{2}{3} (h° + h_0)$, $b + r = h° + \delta$, $(b + r)^2 h_0 = \dfrac{Q^2}{2 g L_0^2}$, et $h'^3 = \dfrac{Q^2}{g m^2 L_1^2}$, qui permettront de déterminer quatre de ces quantités lorsque les cinq autres seront connues. Les données des questions sont ordinairement Q, L_0 et b, si de plus la longueur L du barrage et sa hauteur sont fixées, tout est déterminé. Dans les questions ordinaires c'est la hauteur du relèvement qui est donnée et il reste à déterminer soit la hauteur, soit la longueur qu'il faut donner au barrage.

Lorsqu'un barrage est établi, on a souvent besoin de déterminer le volume d'eau Q que ce barrage donne dans l'unité de temps; on peut ainsi vérifier un jaugeage du courant obtenu par un autre procédé : voici, pour calculer ce débit, trois formules dont on pourra user en toute confiance, car elles ne sont que des transformations fort simples de la relation incontestable $h'^3 = \dfrac{Q^2}{g\,m^2\,L_1^2}$.

$$Q = m h' L_1 \sqrt{g h'}, \quad Q = 0,385\,(h^0 + h_0)\,m L_1 \sqrt{2 g (h^0 + h_0)},$$
$$Q = 0,385\,(h^0 + h_0)\,m L_1 \sqrt{3 g h'},$$

et en remplaçant $h^0 + h_0$ par H, on obtient la formule $Q = 0,385\,m L_1\, H \sqrt{2 g H}$, que les praticiens semblent préférer.

A l'aide de ces formules, on calculera facilement le débit d'un barrage tant que les eaux d'aval n'exerceront pas d'influence sensible sur les eaux d'amont, ce qui aura toujours lieu lorsque le seuil du barrage sera supérieur aux eaux d'aval; mais lorsque b sera plus grand que δ, le débit se mesurera en appréciant la largeur de la section du volume de déversement, qui passe par le seuil du barrage et par l'intersection de la surface des eaux d'aval avec celle du volume de déversement. Cependant nous pensons que la surélévation des eaux d'aval ne doit en rien altérer l'exactitude de la formule $h'^3 = \dfrac{Q^2}{g\,m^2\,L^2}$, et que cette relation doit continuer d'exister, ou que $\dfrac{Q}{L}$, par chaque mètre courant de la longueur du seuil, continue d'être le plus grand possible tant que la pente de la surface présente une augmentation sensible au-dessus du seuil. Les expériences manquent pour que nous puissions appuyer avec certitude l'opinion que nous venons d'émettre.

(20) *Équation de la courbe de déversement.* — Pour terminer tout ce qui est relatif aux barrages, cherchons à déterminer la forme qu'affecte la surface d'un courant pendant le déversement, ou depuis le point où le relèvement atteint sa hauteur maxima jusqu'au point où l'axe hydraulique rencontre le plan horizontal passant par le seuil du barrage.

Pour trouver l'équation de la courbe de déversement, prenons pour origine des coordonnées le point où l'arête du seuil perce le plan vertical passant par l'axe hydraulique; désignons par z les abscisses horizontales, et par y les ordonnées verticales.

Si nous faisons passer par le seuil un plan quelconque, coupant le solide de déversement, que n soit la hauteur ou largeur de la section ainsi obtenue, et u la vitesse moyenne correspondante. La hauteur n de chaque section oblique est l'hypoténuse d'un triangle rectangle, dont les côtés sont z et y; on a donc $n^2 = z^2 + y^2$.

Si h_1 est la hauteur due à la vitesse u, on aura $u^2 = 2\,g\,h_1$.

Pour trouver la valeur de h_1 désignons par b l'ordonnée $h^0 + h_0$ de la ligne des résistances au-dessus du seuil, dans la section où le relèvement atteint sa hauteur maxima, et rappelons-nous que sur l'étendue du déversement on a $AH = h_1 - h_0 = h^0 - y$, ce qui donne $h' = h^0 + h_0 - y = b - y$, d'où $u^2 = 2\,g\,(b - y)$.

La propriété fondamentale du mouvement permanent donne ensuite

$$L\,n \times u = Q, \text{ ou } n^2 u^2 = \frac{Q^2}{L^2} = (z^2 + y^2)\,(b - y) \times 2\,g.$$

La courbe que forme l'axe hydraulique pendant le déversement, a donc pour équation $(z^2 + y^2)\,(b - y) = \dfrac{Q^2}{2\,g\,L^2}$.

Mais h' étant la hauteur de la section qui correspond au seuil, on a $h' = \dfrac{2}{3}\,b$ et $\dfrac{Q^2}{g\,L^2} = h'^3 = \dfrac{8}{27}\,b^3$, ce qui change

· l'équation de la courbe en $(z^2 + y^2)(b - y) = \dfrac{4}{27} b^3$.

Quand $y = 0$, on a pour la largeur de la section horizontale $z = \dfrac{2b}{3\sqrt{3}}$.

Lorsque $z = 0$, on trouve $y = \dfrac{2}{3} b$, comme cela doit être.

Il existe un point où l'axe hydraulique du déversement se raccorde avec l'axe hydraulique qui précède la chute ; en ce point l'ordonnée y doit être égale à h^0, ce qui donne

$$(z^2 + h^{02}) h_0 = \frac{Q^2}{2\,g\,L^2}.$$

Mais pour ce point on a encore $(h^0 + \delta)^2 h_0 = \dfrac{Q^2}{2\,g\,L^2}$, et pour déterminer la valeur de z, $(h^0 + \delta)^2 = z^2 + h^{02}$.

La tangente à la courbe de déversement ayant pour inclinaison sur l'horizontale $\dfrac{dy}{dz} = \dfrac{2z(b - y)}{z^2 + 3y^2 - 2by^2}$; on obtiendra l'inclinaison de la tangente au point de raccordement, en mettant dans l'expression de $\dfrac{dy}{dz}$ la valeur de y et de z, qui conviennent à ce point.

VII. — CONTRACTION DE LA VEINE FLUIDE.

(21) *Théorie des effets de la contraction.* — Dans une masse d'eau en équilibre et contenue dans un vase, chaque molécule est sollicitée dans tous les sens par des pressions égales qui se détruisent ; cette molécule peut donc être considérée comme le centre d'une sphère suivant les rayons de laquelle agissent des pressions égales.

Représentons-nous donc un point de cette masse et la sphère des pressions qui l'entoure de toutes parts, et supposons que l'on fasse pénétrer au centre de la sphère un tube cylindrique, circulaire et horizontal, d'un diamètre extrêmement petit, de manière que le point dont nous nous

occupons se confonde avec le centre de la section extrême
du tube, tandis que l'autre extrémité de ce tube soit exté-
rieure au vase : alors l'équilibre sera rompu, toutes les
molécules de la masse liquide tendront à se porter vers
l'extrémité du tube servant d'orifice ; mais contrarié dans
leur tendance, par la petitesse de l'orifice, un filet fluide
parviendra seul à s'introduire dans le tube et à suivre sa
direction.

Les pressions supprimées sur la partie de la sphère, que
remplace le tube, sont donc la cause du mouvement, et
lorsque ce mouvement est parvenu à l'uniformité, il doit y
avoir équilibre entre la résultante des pressions supprimées
et la quantité de mouvement effective que la ligne possède
dans le sens de l'axe de la veine.

Admettons actuellement que l'extrémité du tube qui sert
d'orifice conserve le même diamètre, et que l'autre extrémité s'élargisse de manière que la surface intérieure du
tube devienne une surface conique divergente, alors la
partie de la sphère dont les pressions seront supprimées
prendra plus d'étendue. Or, la quantité de mouvement que
ces pressions peuvent imprimer devant encore être égale à
la quantité de mouvement effective que possède le liquide,
il en résulte que cette dernière quantité augmente avec
l'étendue de la partie supprimée de la sphère. Dans la circonstance que nous venons d'examiner, l'écoulement a lieu
par un orifice ménagé près du sommet d'un cône rentrant,
mais de manière que le liquide ne touche pas la paroi intérieure du tube.

Si l'angle des génératrices du cône, continuant d'augmenter, arrive à deux angles droits ; alors la surface du
cône devient un plan et la partie supprimée de la sphère
est égale à sa moitié. La quantité de mouvement dans le
sens de l'axe ou perpendiculairement au plan de l'orifice,
que les pressions qui agissent sur la moitié de la sphère
peuvent imprimer au liquide, devra donc être égale à la

quantité de mouvement effective que ce liquide possède; Dans la circonstance que nous venons d'examiner, l'écoulement a lieu par un orifice percé dans une paroi plane et mince.

L'angle des génératrices du cône continuant encore à augmenter, la surface intérieure du tube deviendra conique saillante extérieurement. La partie supprimée de la sphère sera plus grande que sa moitié, et l'écoulement aura lieu par un orifice ménagé au sommet d'un cône saillant.

On doit comprendre, d'après ce qui précède, pourquoi, sous une même charge sur le centre d'un orifice, le débit éprouve des variations qui dépendent de la forme de la paroi dans laquelle l'orifice est percé.

(22) *Application du calcul à la théorie précédente.* — Le calcul appliqué à la théorie précédente en confirme l'exactitude; car, dans les principales questions, il donne des résultats conformes à ceux de l'observation. Parmi les différentes applications que l'on peut faire, nous nous arrêterons d'abord sur les deux suivantes :

1° Déterminer la valeur du coefficient de réduction m lorsque l'orifice est transporté dans la masse liquide, au moyen d'un petit tube cylindrique.

Désignons :

Par A l'aire de la section du tube servant d'orifice ;

Par ω l'aire de la section contractée ;

Par h la hauteur du niveau de l'eau au-dessus du centre de l'orifice ;

Par V la vitesse due à cette hauteur.

La résultante des pressions qui agissent sur la partie supprimée de la sphère ou sur l'aire A, qui lui est sensiblement égale, a pour expression $\pi A h$.

Comme la vitesse V est celle dont le liquide est animé au passage de la section contractée; lorsque le mouvement est parvenu à l'uniformité, la quantité de mouvement effective que possède alors le liquide a donc pour expression $\frac{\pi}{g}\omega V^2$ et est égale à $2\pi\omega h$.

La résultante des pressions sur la partie supprimée de la sphère, devant être précisément égale à la quantité de mouvement que possède le liquide, on doit avoir $\pi A h = 2\pi\omega h$, d'où $\omega = \frac{A}{2}$, comme $m = \frac{\omega}{A}$. On trouve que dans cette circonstance $m = \frac{1}{2} = 0,50$, résultat confirmé par les expériences de Borda et de Bidone.

2° Déterminons encore la valeur du coefficient m, lorsque l'orifice est percé dans une paroi plane et mince. Dans cette circonstance, la quantité de mouvement que possède le liquide au passage de la section contractée doit être égale à la résultante des pressions qui agissent sur la moitié de la sphère.

Conservons les mêmes notations que ci-dessus et désignons de plus par $2L$ le diamètre de l'orifice;

Par $2l$ le diamètre de la section contractée;

Par α l'angle de l'un des filets avec l'axe de la veine.

Si nous supposons l'orifice circulaire et si nous imaginons la surface sphérique ayant même centre et même rayon que l'orifice, la hauteur h de la charge sur le centre, étant très-grande par rapport au rayon, tous les filets, suivant lesquels agissent les pressions, seront normaux à la surface sphérique et convergeront tous vers le centre. L'orifice étant circulaire, la veine, à sa sortie de l'orifice, formera un solide révolution autour de son axe, de sorte qu'il suffira de considérer ce qui se passe dans l'un des plans méridiens.

Si dr est la projection sur le diamètre de l'orifice de la section de l'un des filets ou de l'élément ds du grand cercle de la sphère, on aura $dr = ds\cos\alpha$ et $ds = L\,d\alpha$, d'où $dr = L\cos\alpha\,d\alpha$.

Si p est la composante parallèle à l'axe de la veine, de la pression rapportée à l'unité de surface qui agit suivant la direction du filet, $p\,dr$ sera la pression qui agit sur la projection dr, et la résultante des pressions qui agissent dans le plan méridien aura pour expression $\int p\,dr$.

La pression normale, rapportée à l'unité de surface, qu'éprouve chaque point de la sphère étant πh, la composante p de cette pression, dans le sens de l'axe ou perpendiculairement au plan de l'orifice, sera égale à $\pi h \cos \alpha$, on aura donc $\int p\,dr = \Pi L h \int \cos^2 \alpha\,d\alpha$ pour l'expression de la résultante des pressions qui agissent dans l'un des plans méridiens sur la moitié du diamètre de l'orifice.

S'il n'y avait pas de contraction, la pression sur la moitié du diamètre ou sur le rayon de l'orifice aurait pour expression $\Pi h L$, l'effet de la contraction consiste donc à changer le rayon L en $L \int \cos^2 \alpha\,d\alpha = l$; or la valeur de l'intégrale $\int \cos^2 \alpha\,d\alpha$, prise entre les limites convenables, ou depuis $\alpha = 0$ jusqu'à $\alpha = 90°$, est égale à $\dfrac{\pi}{4}$ ou à $0,785$; on a donc $l = \dfrac{\pi}{4} L = 0,785\,L$; mais les aires A et ω de l'orifice et de la section contractée sont proportionnelles au quarré des rayons, c'est-à-dire que l'on a $\dfrac{\omega}{A} = \dfrac{l^2}{L^2} = \left(\dfrac{\pi}{4}\right)^2 = 0,616 = m$.

Michelotti, par de nombreuses expériences, a trouvé que le rapport $\dfrac{l}{L}$ était de $0,787$, nombre qui ne présente, avec celui que la théorie vient de nous donner, qu'une différence insignifiante qui peut provenir de la couche adhérente à la paroi, laquelle tend à diminuer légèrement les effets de la contraction.

(23) *Autres résultats du calcul confirmés par l'expérience.* — Si nous désignons par h_1 la hauteur due à la vitesse moyenne au passage de l'orifice, la quantité de mouvement du liquide sera alors exprimée par $2\pi A h_1$; la quantité de mouvement que le même liquide possède au passage de la

section contractée ayant pour expression $2\pi\omega h$, la différence entre ces quantités sera $2\pi\omega h = 2\pi A h_1 = 2\pi(\omega h - A h_1)$; mais V étant la vitesse au passage de la section contractée, et v la vitesse moyenne au passage de l'orifice, on aura

$h = \dfrac{V^2}{2g}$ et $h_1 = \dfrac{v^2}{2g}$. On a de plus, à cause de la continuité de la masse en mouvement, $\omega V = A v$; comme $\omega = m A$, il

vient $v = m V$; par conséquent, $h_1 = \dfrac{v^2}{2g} = \dfrac{m^2 V^2}{2g} = m^2 h$.

La différence $\omega h - A h_1$ deviendra donc $A h (m - m^2)$, quantité qui devient nulle lorsque $m = 1$ ou lorsqu'il n'y aura pas de contraction, et qui sera la plus grande possible lorsque l'on aura $m = \dfrac{1}{2}$. Les deux limites des valeurs du coefficient m sont donc 0,50 et l'unité, ce qui est conforme à l'observation.

S'il n'y avait pas de contraction, la quantité de mouvement que posséderait le liquide au passage de l'orifice, serait égale à $2\pi A h$, la quantité de mouvement due à la vitesse moyenne au passage de cet orifice, est égale à $2\pi A h_1$, la différence de ces deux quantités est ainsi $2\pi A(h - h_1)$ et à cause de $h_1 = m^2 h$ elle devient $2\pi A h(1 - m^2)$; lorsque cette différence sera égale à la quantité de mouvement effective que possède le liquide au passage de la section contractée, on aura $2\pi A h(1 - m^2) = 2\pi\omega h$, et à cause $\omega = m A$, il viendra $2\pi A h(1 - m^2) = 2\pi A h \times m$ ou $m + m^2 = 1$, relation qui donnera $m = 0,625$, valeur qui, d'après l'observation, convient lorsque la hauteur h de la charge est moindre que dix fois le diamètre.

La quantité d'action que possède le liquide, au passage de l'orifice, est égale à $\dfrac{\pi}{g} A v^3$, celle qu'il possède réellement au passage de la section contractée, est égale à $\dfrac{\pi}{g}\omega V^3$; la différence entre ces quantités a donc pour expression

$\dfrac{\pi}{g}(\omega V^3 - A v^3)$ et est égale $\dfrac{\pi}{g} A V^3 (m - m^3)$; cette différence sera la plus petite possible lorsque l'on aura $m = 1$,
elle sera au contraire la plus grande possible lorsque l'on
anra $1 - 3m^2 = 0$ ou $m = \dfrac{1}{\sqrt{3}} = 0,578$. Dans cette circonstance la hauteur due à la vitesse moyenne au passage
de l'orifice, sera égale au tiers de la hauteur due à la vitesse au passage de la section contractée.

(24) *Valeur du coefficient* m *lorsque l'orifice est suivi
d'un ajutage cylindrique et que le liquide coule à pleine section.* — Quand l'orifice est suivi d'un ajutage cylindrique
dont l'axe est perpendiculaire au plan de cet orifice et dont
la longueur est au plus égale à deux ou trois fois son diamètre, l'expérience apprend que, dans cette circonstance,
le coefficient de réduction, qu'ici nous désignerons par n,
est égal à $0,83$, c'est-à-dire que l'on a $v = n\sqrt{2gh} =
0,83\sqrt{2gh}$; nous alons faire voir que le calcul conduit
au même résultat.

Conservons aux lettres A, ω, h, v et V les mêmes significa-
tions que ci-dessus, désignons de plus par P la pression
atmosphérique rapportée à l'unité de surface.

Par p la pression très-faible qui agit sur la section contractée.

On aura encore ici $\omega = mA$, mais la pression p étant
très-faible et plus petite que P, m sera différent de $0,616$
et toujours un peu plus petit.

La vitesse V, qui correspond à la section contractée, est
due à la hauteur h et à la différence des pressions $P - p$,
c'est-à-dire que l'on doit avoir $\dfrac{V^2}{2g} = h + \dfrac{P - p}{\pi}$.

La différence entre les quantités d'action que le liquide
possède au passage de l'orifice et au passage de la section
contractée, ne peut provenir que de la différence des pressions $P - p$ et de la différence des vitesses $V - v$, puisque

nous supposons l'axe de l'ajutage horizontal, on aura donc

$$\frac{V^2}{2g} - \frac{v^2}{2g} = \frac{P - p}{\pi} + \frac{(V - v)^2}{2g}, \text{ d'où } \frac{v^2}{2g} + \frac{(V - v)^2}{2g} = h,$$

mais $v = mV$ ou $V = \dfrac{v}{m}$, par conséquent

$$v^2 \left[1 + \left(\frac{1}{m} - 1 \right)^2 \right] = 2gh.$$

La différence entre les pressions qui est nulle lorsque $p = P$ ou lorsque le liquide coule à pleine section, augmente lorsque p diminue et est la plus grande possible lorsque $p = o$ ou lorsque le liquide s'écoule dans le vuide, la différence entre les quantités d'action que le liquide possède au passage de l'orifice et à celui de la section contractée, ne pouvant varier que par la différence entre les pressions, elle sera donc la plus grande possible lorsque l'on aura $p = o$, la valeur de m est alors égale à $\dfrac{1}{\sqrt{3}} = 0,578$.

Dans la circonstance qui nous occupe, p est certainement très-petit, mais n'étant pas nul, il convient de prendre pour m une valeur comprise entre $0,616$ qui est celle qui correspond à $p = P$ et $0,578$ valeur qui correspond à $p = o$; il nous semble donc convenable de prendre $m = \dfrac{0,616 + 0,578}{2} = 0,597$. On obtient ainsi $v = 0,597V$ ou $V = 1,673 v$, alors $\dfrac{1}{m} - 1 = 0,673 = \dfrac{2}{3}$ et

$$v^2 \left[1 + \left(\frac{1}{m} - 1 \right)^2 \right] = v^2 \left(1 + \frac{4}{9} \right) = 2gh,$$

d'où $v = \dfrac{1}{1,45} \sqrt{2gh} = 0,83 \sqrt{2gh}$, par conséquent $n = 0.83$.

Si l'ajutage au lieu de suivre l'orifice le précédait en pénétrant dans le réservoir, alors on aurait $m = 0,50$ et

$$1 - \left(\frac{1}{m} - 1 \right)^2 = 2,$$

d'où $2v^2 = 2gh$ et $v = \sqrt{gh} = 0,71 \sqrt{2gh}$.

La hauteur due à la vitesse du liquide qui sort à pleine section d'un tuyau très-court pénétrant dans l'intérieur d'un réservoir, est donc égale à la moitié de celle due à la charge sur le centre de l'orifice.

(25) *Valeur du coefficient m lorsque la charge sur le centre de l'orifice est très-faible.* — Lorsque la vitesse au passage de l'orifice est peu considérable, ou que la hauteur de la charge est très-faible par rapport aux dimensions de cet orifice, comme cela a lieu au passage des ponts, des pertuis, des vannes, des déversoirs, etc., alors la valeur du coefficient m variant avec les dimensions de chaque ouvrage, il convient de chercher à reconnaître la loi de cette variation.

Pour déterminer en toute circonstance la valeur du coefficient de réduction m, considérons un orifice circulaire horizontal percé dans une paroi plane et mince, sur lequel la hauteur de la charge ou plutôt la hauteur due à la vitesse moyenne, soit égale à la moitié du diamètre de l'orifice ou soit plus petite que cette quantité.

Quand la hauteur de la charge est aussi faible, l'adhérence et le glissement contre la paroi diminuent les effets de la pression sur les couches voisines, et, par suite, les effets de la contraction sont aussi un peu moindres ; le coefficient de réduction ne pourra plus être de 0,785 pour chaque diamètre, et le coefficient m pour l'aire de l'orifice sera plus grand que 0,616.

Lorsque la hauteur de la charge est moindre que la moitié du diamètre, une partie du liquide s'écoule sans éprouver de contraction, et la valeur du coefficient m s'en augmente nécessairement. Si, par exemple, au-dessus de l'orifice horizontal (*fig.* IV) se trouve une couche de liquide maintenu à un niveau constant, dont l'épaisseur CD soit moindre que la moitié de AB ; si l'on prend AE et BG égaux à la hauteur h due à la vitesse, et si par les points E et G on élève la verticale EF et GH, il est évident que les filets fluides compris entre ces verticales n'auront aucune tendance à converger, la contraction ne pourra donc avoir d'effet que dans les parties A E et B G, qui l'une et l'autre seront au plus réduites à $0,785\,h$: L étant le diamètre de l'orifice, l celui de la section contractée, si l'on néglige l'effet toujours peu sensible de l'adhérence et du glissement sur la paroi, on devra avoir $l = EG + 0,785\,(AE + BG)$, mais $AE = BG = h$ et $EG = L - 2\,h$, on aura donc $l = L - 2\,h\,(1 - 0,785) = L - 0,43\,h$.

L'orifice étant circulaire, l'aire de la section contractée aura pour expression $\dfrac{\pi}{4}\,(L - 0,43\,h)^2$, et la valeur du coefficient m sera $\dfrac{(L - 0,43\,h)^2}{L^2}$ qui est à très-peu près $1 - 0,86\,\dfrac{h}{L}$.

Lorsque la valeur de h est plus petite que $0,10\,L$, l'effet de la contraction est sensiblement annulé par celui de l'adhérence. Dans cette circonstance, l'expression ci-dessus donne encore $m = 1 - 0,086 = 0,914$, valeur qui est probablement un peu trop faible.

Si l'orifice était rectangulaire, alors sa longueur étant L et sa largeur L', ces dimensions seraient chacune réduite à $L - 0,43\,h$ et $L' - 0,43\,h$, la valeur du coefficient m serait donc exprimée par $\dfrac{(L - 0,43\,h)\,(L' - 0,43\,h)}{LL'}$ qui se réduirait à très-peu près à $1 - 0,43\left(\dfrac{h}{L} + \dfrac{h}{L'}\right)$.

Si l'orifice, au lieu d'être horizontal, était vertical et que la hauteur de la charge ou celle h due à la vitesse moyenne fût moindre que la moitié de la plus faible dimension, et si l'on admet qu'il y ait contraction sur le fond et sur les côtés, alors la valeur du coefficient m ne différera pas sensiblement de celle que nous venons de trouver, c'est-à-dire que l'on aura $m = 1 - 0,43\left(\dfrac{h}{L} - \dfrac{h}{L'}\right)$. Ce coefficient est celui qui convient pour les ouvertures des vannes et des pertuis lorsque leur seuil est à une certaine hauteur au-dessus du fond.

S'il n'y avait de contraction que sur les côtés, comme cela a lieu au passage des ponts, alors la valeur de m se réduirait à $\dfrac{L - 0,43\,h}{L} = 1 - 0,43\,\dfrac{h}{L}$.

Dans les orifices verticaux, lorsque la hauteur due à la vitesse moyenne est égale à la moitié de la hauteur de la section, le liquide peut à volonté s'écouler en touchant le bord supérieur de l'orifice, ou s'écouler en déversoir en rasant le bord supérieur de l'orifice ou même sans le toucher. Le débit étant égal par ces deux modes d'écoulement, et par le premier la contraction, sur le bord supérieur, se faisant sentir, il faut admettre que l'écoulement en déversoir équivaut à une contraction sur la face supérieure du courant. Si donc h' est la hauteur de la section au-dessus du seuil, la contraction qui a lieu sur le seuil et sur la surface supérieure réduira cette hauteur à $0,785\,h'$; quant à la largeur, elle sera réduite à $L - 0,43\,h$, de sorte que la valeur du coefficient sera $m = \dfrac{(L - 0,43\,h)\,0,785\,h'}{L\,h'} = 0,785 - 0,337\,\dfrac{h}{L}$, c'est-à-dire que pour les déversoirs le coefficient sera toujours plus petit que $0,785$.

L'écoulement par les déversoirs est ainsi un cas particulier de l'écoulement par des orifices verticaux, celui où la hauteur due à la vitesse est égale à la moitié de la hauteur de la section.

Précédemment nous avons trouvé que le débit par les déversoirs avait pour expression $Q = 0,385\,m\,L\,(h^0 + h_0)\sqrt{2g(h_0 + h_0)}$, et si l'on désigne par H la hauteur totale de la charge $h^0 + h_0$, on aura $Q = 0,385\,m\,L\,H\sqrt{2g\,H}$, formule qui, est généralement admise par les praticiens.

Il résulte de différentes observations que l'on peut

prendre $m = 0{,}65$, lorsque la longueur L du déversoir ne surpasse pas la hauteur de la charge sur le seuil ou lorsque l'on a $L = H$ ou $< H$; la valeur de m augmente ensuite et devient $m = 0{,}75$ lorsque la longueur L est égale à cinq fois la hauteur de la charge sur le seuil ou lorsque l'on a $L = 5H$; la valeur de m s'élève jusqu'à $0{,}80$ lorsque la longueur L est égale à dix fois la hauteur de la charge ou lorsque l'on a $L = 10H$.

Nous allons faire voir que la théorie que nous venons d'exposer donne des résultats peu différents de ceux admis par les praticiens; en effet, pour les orifices verticaux analogues à ceux des déversoirs, nous avons trouvé $m = 0.783 - 0.337\dfrac{h}{L}$; mais quand il s'agit de l'écoulement par un déversoir, la hauteur h due à la vitesse est égale à la moitié de la hauteur de la section ou au tiers de la hauteur H de la charge sur le seuil, c'est-à-dire que l'on a $h = \dfrac{1}{3}H$, d'où $m = 0.785 - 0.112\dfrac{H}{L}$. Lorsque $H = L$, il vient $m = 0.673$, valeur qui diffère peu de 0.65 donné par l'observation.

Lorsque $L = 5H$, on a $m = 0.763$; la valeur donnée par l'observation est $m = 0.75$.

Enfin, lorsque $L = 10H$, on trouve $m = 0{,}774$, valeur qui est un peu plus faible que le nombre 0.80 donné par l'observation.

La formule dont il faut faire usage pour calculer le débit de l'eau qui passe sur un déversoir est donc la suivante :

$$Q = 0.385\, mL\, (h^0 + h_0)\sqrt{2g\,(h^0 + h_0)} = 0.385\, mLH\sqrt{2gH},$$

dans laquelle m doit être déterminé par la formule

$$m = 0.785 - 0.112\dfrac{H}{L}.$$

Ici se termine ce que nous avions à dire sur les principes de l'hydraulique rationnelle applicables aux courants

naturels tels que les rivières et les fleuves ; nous renvoyons
au tome IIe du *Traité des moteurs* pour dé plus grands
développements sur la matière et surtout pour les nombreuses applications numériques des formules auxquelles
nous sommes successivement parvenus par l'analyse pure
et en n'ayant recours aux résultats de l'observation que
pour confirmer l'exactitude de nos déductions.

TABLE ANALYTIQUE DES MATIÈRES.

Paris. — Imprimé par E. Thunot et Cᵉ, rue Racine, 26.

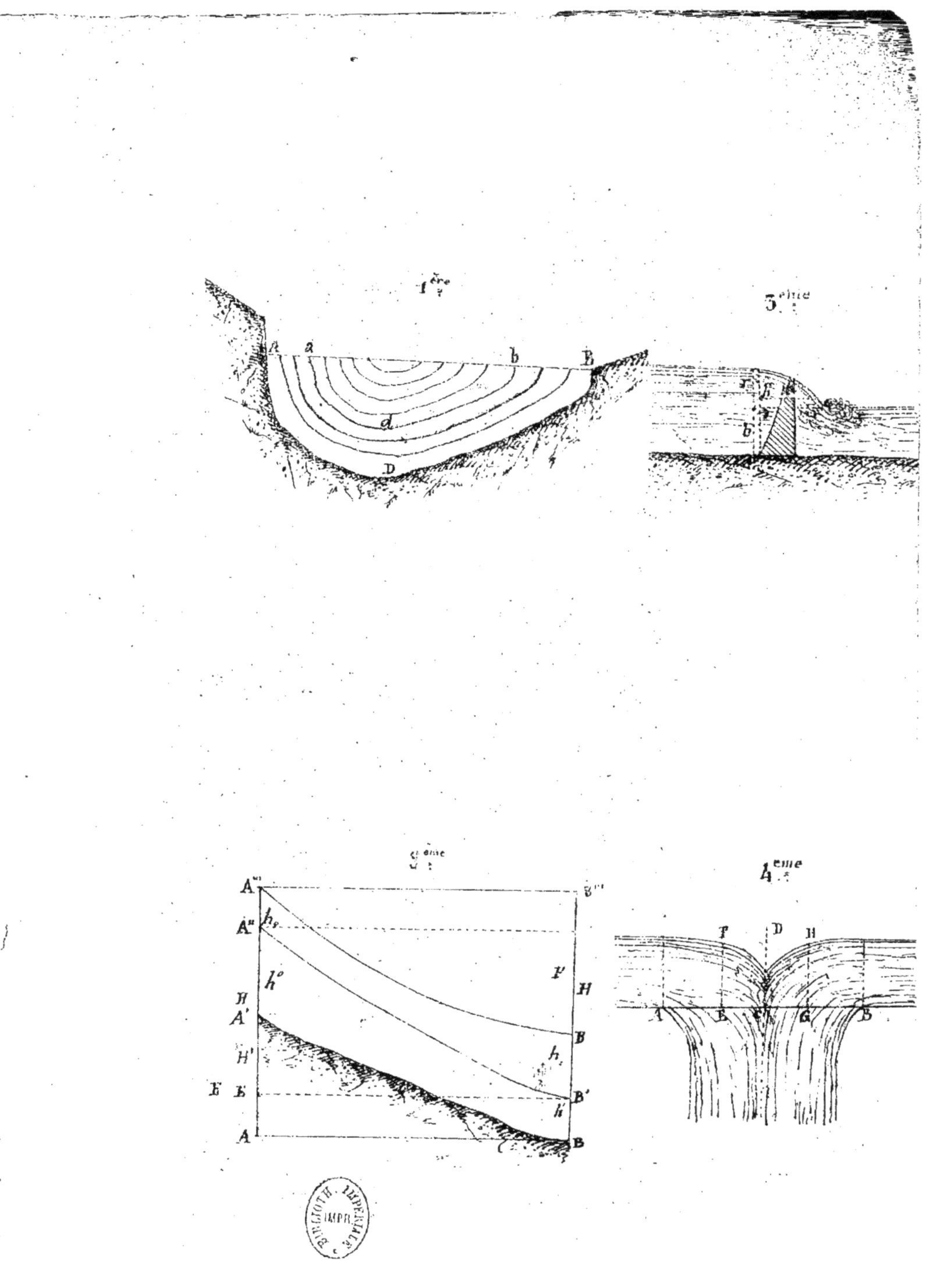

1.ère
3.ème
A a b B
d
D
r
b
2.ème
A'''
A'' h₂
h°
H
A'
H'
E E
A
B'''
P'
H
B
h₁
B'
h'
B
4.ème
F D H
A E C G B

www.ingramcontent.com/pod-product-compliance
Ingram Content Group UK Ltd.
Pitfield, Milton Keynes, MK11 3LW, UK
UKHW021124140726
13695UKWH00004B/1687